# BEI GRIN MACHT SICH IHR WISSEN BEZAHLT

- Wir veröffentlichen Ihre Hausarbeit,
  Bachelor- und Masterarbeit

- Ihr eigenes eBook und Buch -
  weltweit in allen wichtigen Shops

- Verdienen Sie an jedem Verkauf

## Jetzt bei www.GRIN.com hochladen und kostenlos publizieren

Maximilian Eckel

# Der Fiat-Shamir-Algorithmus

**Ein Zero-Knowledge Protokoll**

GRIN Verlag

**Bibliografische Information der Deutschen Nationalbibliothek:**

Die Deutsche Bibliothek verzeichnet diese Publikation in der Deutschen National-
bibliografie; detaillierte bibliografische Daten sind im Internet über http://dnb.d-
nb.de/ abrufbar.

**Impressum:**

Copyright © 2010 GRIN Verlag GmbH
Druck und Bindung: Books on Demand GmbH, Norderstedt Germany
ISBN: 978-3-656-60671-0

**Dieses Buch bei GRIN:**

http://www.grin.com/de/e-book/269526/der-fiat-shamir-algorithmus

Oskar von Miller Gymnasium                                  Schuljahr: 2010


# Seminararbeit
# aus dem W-Seminar
# Kryptologie (Mathematik)


Der Fiat-Shamir-Algorithmus

Ein Zero-Knowledge Protokoll


Eingereicht von:                    *Maximilian Eckel*

Datum der Abgabe:                   09.11.2010

# Inhaltsverzeichnis

# 1. Einleitung

In nahezu allen Bereichen des menschlichen Lebens gibt es immer wieder problematische Situationen, die durch reine Überzeugungskraft nicht gelöst werden können. Besonders wenn diese im Zusammenhang mit geheimen Informationen auftreten, gewinnen alternative Vorgehensweisen an Bedeutung. Ein derartiges Problem kann zum Beispiel das Bewahren eines Geheimnisses unter folgender Fragestellung darstellen:

*„Wie beweise ich, dass ich ein Geheimnis besitze, ohne Informationen über das Geheimnis selbst preiszugeben?"*

Hierbei handelt es sich auch um die zu Grunde liegende Thematik, mit der sich Zero-Knowledge-Beweise auseinandersetzen.

Ein passendes Beispiel, das auch in die Geschichte der Mathematik Einzug fand, betrifft *Niccolò Tartaglia*, der ca. von 1500 bis 1557 lebte. Er entdeckte in einem Wettstreit mit seinen Fachkollegen eine Lösungsformel zur Berechnung von Gleichungen dritten Grades $(x^3 + ax^2 + bx + c = 0)$, die er aber zunächst als Druckmittel im beruflichen Konkurrenzkampf für sich behielt. Da er seine Entdeckung dennoch beweisen musste, legte man ihm 30 derartige Gleichungen zur Berechnung vor. Da seine Formel wirklich funktionierte, stellten ihn jene Aufgaben natürlich vor keine weiteren Probleme und immer wenn er die einzelnen Lösungen für eine Gleichung veröffentlichte konnte jeder mit einer simplen Probe überprüfen, ob die Ergebnisse stimmten.

Allerdings waren sie außerstande nur mit den Ergebnissen seinen Rechenweg zu rekonstruieren. Außerdem führte er seine Rechnungen alleine, ohne weitere Beobachter durch, woraufhin seine Formel vorerst nicht nachvollziehbar blieb. Dieser Umstand änderte sich erst, als der erfolgreiche Wissenschaftler *Geronimo Cardano* dem mittellosen Tartaglia anbot, ihm sein Geheimnis abzukaufen. Tartaglia willigte unter der Bedingung ein, dass jener ebenfalls das Geheimnis für sich behielte. In seinem nächsten Buch „Ars magna" veröffentlichte Cardano allerdings dennoch sein neues Wissen und obwohl er erwähnte, woher er die Formel ursprünglich erworben hatte, wird Tartaglias Rechenweg heute immer noch als *Cardanosche Formel* bezeichnet.[1]

---

[1] [Beu07] S.79

# 2. Interaktive Zero-Knowledge Beweise

## 2.1 Interaktive Beweissysteme

Zur Erläuterung eines Zero-Knowledge Beweises ist es zunächst notwendig, die Eigenschaften eines interaktiven Beweises zu klären. In unserem Fall handelt es sich um einen Dialog, bei dem ein beweisender Teilnehmer $P$ (Prover) einen unwissenden Teilnehmer $V$ (Verifier) von der Richtigkeit einer Behauptung überzeugen will. Allgemein beinhaltet ein mathematischer Beweis eine Argumentationskette, die logisch und vollständig eine Aussage herleitet. Dies könnte nun implizieren, dass P eine Argumentationskette bildet, aus der am Ende seine Behauptung hervorgeht. Hierbei erfährt V allerdings deutlich mehr als notwendig ist und kommt letztlich nicht nur zu der Überzeugung, dass ein Geheimnis existiert, sondern er könnte sogar selber die Beweisführung nachvollziehen. Er kann sogar jederzeit zu Unrecht den Besitz des Geheimnisses für sich beanspruchen. Entlässt man V aus seiner passiven Rolle und führt eine echte Interaktivität ein, ist es aber möglich Beweise zu konstruieren, die auf keine weiteren Informationen des Geheimnisses außer seiner Existenz selbst schließen lassen.[2]

Der Aufbau[3] eines interaktiven Beweissystemes besteht grundsätzlich aus zwei Berechnungsschritten, dem Produzieren eines Beweises durch P und dem Überprüfen der Korrektheit durch V, und einem aus folgenden Schritten bestehenden Dialog:

1. Empfangen einer Nachricht
2. Notwendige Rechnung/Aufgabe durchführen
3. Zurücksenden der Ergebnisse

Der Dialog wird gewöhnlich durch P begonnen, während V ihn beendet. Die einzelnen Schritte werden mehrere Male wiederholt. Der Verifier akzeptiert hierbei nur, wenn P alle Fragen richtig beantwortet.

---

[2] [BNS05] S.195
[3] [Kuz05]

Besonders wichtig, auch in Hinblick auf die interaktiven Zero-Knowledge Beweise, sind folgende Eigenschaften eines interaktiven Beweises:

## Durchführbarkeit

Wenn die Behauptung richtig ist, d.h. wenn P ein Geheimnis und einen entsprechenden Beweis kennt, kann der Prover den Verifier immer von der Richtigkeit der Behauptung überzeugen.
Nur dann wird die Behauptung verifiziert.

## Korrektheit

Ist die Behauptung allerdings nicht richtig oder kennt P keinen Beweis, so darf V nur mit *sehr geringer Wahrscheinlichkeit* überzeugt werden.
Die Wahrscheinlichkeit ist in unseren Fällen von der Anzahl der Durchläufe $t$ abhängig.[4]

## 2.2 Zero-Knowledge Beweise

Sind *Durchführbarkeit* und *Korrektheit* gegeben, bedeutet das noch nicht, dass das Geheimnis durch die Interaktion nicht ausgekundschaftet werden kann. Das ist allerdings eine Grundvoraussetzung für einen interaktiven Zero-Knowledge Beweis. Folglich ist es notwendig, eine weitere Eigenschaft zu definieren:

## Zero-Knowledge Eigenschaft

Formal: *„Es gibt einen Simulator, der ohne Kenntnis des Beweises mit mehreren Versuchen einen interaktiven Beweis erstellen kann, der für den Außenstehenden nicht von einem echten interaktiven Beweis zu unterscheiden ist."*

Einfacher gesagt bedeutet diese Aussage, dass der Verifier keine weiteren Informationen erlangt, die er vor dem Ausführen des Beweises noch nicht hatte, außer der Überzeugung, dass die Behauptung des Provers richtig ist.[5]

---

[4] [Cle05]
[5] [BNS05] S.196

## 3. Die Magische Tür

Um die drei Eigenschaften eines Zero-Knowledge Beweises besser zu veranschaulichen, wird oft ein bildhaftes Beispiel herangezogen.

Peggy (Prover) und Victor (Verifier) sind in einen kleinen Streit verwickelt. Bei ihnen in der Uni gibt es einen Raum, von dem zwei Gänge weggehen, die bei einer, mit einem Code verschlossenen Tür wieder zusammenführen (s. Abbildung 1). Peggy hat, als sie einmal nachmittags noch im Gebäude war, zufällig den Code von einem der Professoren erhaschen können. Als sie Victor von ihrem Erlebnis erzählt glaubt er ihr kein Wort und verlangt als Beweis für ihre Behauptung das Passwort. Allerdings will Peggy ihr Geheimnis für sich behalten. Daher überlegen sie sich einen kleinen Trick:

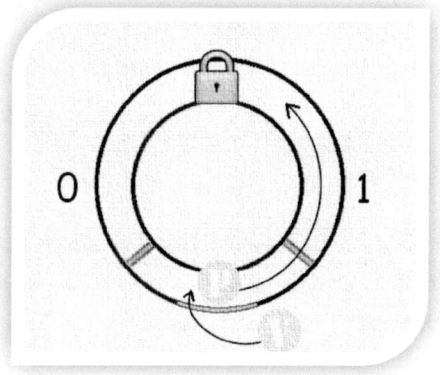

Abbildung 1: Die Magische Tür

Zunächst betritt Peggy einen der beiden Gänge, die im Hinblick auf den Fiat-Shamir-Algorithmus mit 0 und 1 bezeichnet werden. Victor weiß nicht für welchen Gang sie sich entschieden hat, da er, bis Peggy ein Zeichen gibt, vor der Tür zum Vorraum warten muss. Sobald Victor Peggy in den Vorraum nachgefolgt ist, darf er sich nun entscheiden aus welcher Tür Peggy den Vorraum wieder betreten soll. Selbst wenn sie sich für Gang 1 entschieden hat und über Gang 0 den Vorraum betreten soll, kann sie mit dem geheimen Code die trennende Tür öffnen. Ohne Kenntnis des Codes hätte sie keine Möglichkeit unbemerkt von einem Gang zum anderen zu gelangen. Da Peggy den geheimen Code wirklich kennt, kann sie Victors Forderung *immer* erfüllen. Die erste Eigenschaft eines Zero-Knowledge Beweises ist bei dem Trick der beiden somit erfüllt: die *Durchführbarkeit* (s. 2.1).

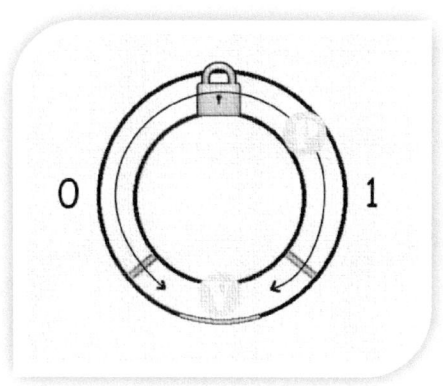

Ein Bekannter der beiden, Ben (betrügerischer Prover), hat den Beginn des Beweisablaufs heimlich mitverfolgt. Als er sich wenig später mit Victor trifft, erzählt er fälschlicherweise, dass er ebenfalls den Code für die Tür kenne. Victor verlangt auch diesmal einen Beweis, wie er ihn zuvor von Peggy bekommen hat. Beim ersten Durchlauf entscheidet sich Ben spontan für Gang 1. Er weiß schließlich selbst, dass, egal welchen Gang er betritt, er eine Chance von 50% hat Victor zu überzeugen. Und tatsächlich verlangt Victor zu Bens Glück, dass dieser den Vorraum aus Gang 1 betreten soll. Ben hält damit den Beweis für erledigt, allerdings ist Victor sich der Betrugsmöglichkeit ebenfalls bewusst. Außerdem misstraut er Ben ohnehin. Victor nimmt sich also vor den Vorgang zehnmal zu wiederholen, in der Hoffnung, dass Ben sich bis dahin verrät. Bereits nach der dritten Wiederholung kann Ben den Raum nicht mehr aus dem Gang betreten, den er vorgegeben bekommen hat. Victor konnte demnach nicht überzeugt werden und ist nun von der betrügerischen Absicht Bens überzeugt. Er möchte seine Zeit auch nicht mehr länger mit Ben und seinen Behauptungen verschwenden, sondern beendet ihren Dialog und geht.

Ben ärgert sich. Er hatte damit gerechnet, dass Victor sich mit einer niedrigeren Anzahl an Wiederholungen zufriedenstellen ließe. Natürlich hatte er dadurch, dass Victor sich eine Obergrenze von zehn Versuchen $(t)$ gesetzt hatte immerhin noch eine Chance zu betrügen. Diese hätte bei 10 Versuchen aber eine Wahrscheinlichkeit von $(\text{-})^t = 1/1024$ betragen. Vor einem derartigen Hintergrund kann man ohne Zweifel sagen, dass Ben Victor nur mit einer *sehr geringen Wahrscheinlichkeit* hätte überzeugen können. Somit wäre auch die zweite Eigenschaft eines interaktiven Beweises erfüllt: die der *Korrektheit*.

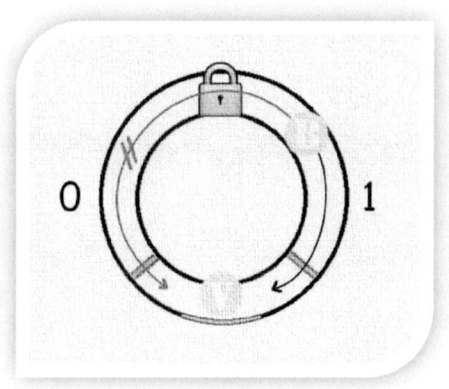

Abbildung 3: Betrügerischer Prover

Direkt nachdem Victor zuhause ankommt, schreibt er über Bens misslungenen Betrugs-versuch einen Kommentar in dem an der Uni gängigen sozialen Internet Netzwerk. Sofort bekommt Ben viele ironische Nachrichten von mehreren seiner Freunde. Ben will unbedingt seinen Ruf retten. Er hatte nämlich vorsichtshalber vor dem Ereignis mit Victor eine Kamera im Vorraum aufgebaut und versteckt. Da er bei den ersten drei Anläufen Glück hatte, kann er nun mit einem Computerprogramm diese drei Aufnahmen zusammenschneiden und so vervielfachen, dass es am Ende so aussieht, als ob er zehnmal aus der richtigen Tür getreten wäre. Sofort lädt er die Aufnahme auf einer Video-Plattform hoch und verweist seine Freunde darauf. Die Bearbeitung ist so gut, dass niemand den Trick bemerkt und nahezu alle sich bei ihm entschuldigen.

Was zunächst nach einer problematischen Betrugsmöglichkeit aussieht, ist in Wirklichkeit die praktischste Eigenart eines Zero-Knowledge Verfahrens. Es ist nun möglich die formale Definition des letzten Kriteriums, der Zero-Knowledge Eigenschaft, besser verständlich zu machen:

Es gibt einen Simulator (Ben und seine Kamera), der ohne Kenntnis des Beweises mit mehreren Versuchen (bzw. durch das Schneiden der Aufnahme) einen interaktiven Beweis erstellen kann, der für Außenstehende (also die Betrachter des Internetvideos) nicht von einem echten interaktiven Beweis unterscheidbar ist.

Das heißt, dass wenn Ben *ohne irgendwelche Kenntnisse* über den Code, durch reines Nach-spielen des wirklichen Beweises den Beweisablauf reproduzieren konnte, dann kann man durch Beobachten offensichtlich keine Informationen über das Geheimnis erlangen.[6]

---

[6] [QGB98] S.628-631

# 4. Der Fiat-Shamir Algorithmus

Ein beliebtes Beispiel für ein Zero-Knowledge Verfahren arbeitet mit der Isomorphie von Graphen. Der große Nachteil an solchen Beweissystemen ist allerdings, dass sie einen relativ hohen Speicherplatzbedarf haben und nicht effizient genug berechenbar sind.

Für praktische Anwendungen wie Chipkarten wird daher bevorzugt der 1986 von Amos Fiat und Adi Shamir vorgestellte Fiat-Shamir Algorithmus benutzt.

Ähnlich wie bei dem Public-Key Verfahren von Rivest, Shamir und Adleman (RSA-Verfahren), beruht dieser Algorithmus auf der Problematik, dass es nicht in polynomialer Zeit, also einem realistischen Zeitrahmen, möglich ist eine Quadratwurzel Modulo $n$ zu ziehen, falls die Zahl $n$ ein Produkt zweier großer Primzahlen und damit schwer zu faktorisieren ist.

Der Ablauf des Verfahrens kann grundsätzlich in zwei Phasen unterteilt werden.[7]

## 4.1 Schlüsselerzeugung

Zu Beginn erzeugt der Prover zwei große, verschiedene Primzahlen $p$ und $q$ und berechnet daraus das Produkt $n = p \cdot q$ und veröffentlicht $n$. Als nächstes überlegt er sich eine geheime Zahl $s \in N$ und berechnet $v = s^2$ mod $n$. Auch die Zahl $v$ wird von dem Prover bekannt gegeben. Wichtig ist aber, dass die Zahlen $s$, $p$ und $q$ geheim bleiben.[8]

## 4.2 Anwendungsphase

Nach der Schlüsselerzeugung sind die Zahlen $n$ und $v$ für jedermann einsehbar. Mithilfe dieser Zahlen kann nun ein Dialog gestartet werden, durch den der Prover den Verifier davon überzeugt, dass er die geheime Zahl $s$ kennt:

---

[7] [Kuz05]
[8] Liste der Verwendeten Variablen auf Seite 14

<table>
<tr><td>

**Prover**

*(kennt: n,v,q,p,s)*

</td><td>

**Verifier**

*(kennt: n,v)*

</td></tr>
</table>

**Commitment**

Wählt eine zufällige Zahl $r < n$, quadriert diese modulo $n$ und schickt das Ergebnis $a = r^2 \bmod n$ an V

**Challenge**

Sucht sich ein zufälliges Bit $b \in \{0,1\}$ und schickt sie an P

Berechnet **Response** $s^b$ und schickt $y$ an V

**Verifikation**

Überprüft, ob P die zu seiner Zahl b gewählte Antwort berechnen kann.

Er akzeptiert nur wenn $\quad^{b}$

gilt

Wie beim Beispiel der „Magischen Tür" besteht bei diesem Protokoll eine Betrugsmöglichkeit von 50%, da ein betrügerischer Prover nie die Antwort für $b = 0$ und 1 kennen kann. Genauso wie dieser bei der „Magischen Tür" nicht in beiden Gängen gleichzeitig stehen oder die verschlossene Tür öffnen kann.

Eine Wahrscheinlichkeit von 50% von V akzeptiert zu werden kann ein betrügerischer Prover allerdings dadurch erzwingen, dass er je nach dem vom Verifier gewählten $b$ eine andere Rechnung durchführen muss. Wenn er zum Beispiel vermutet, dass der Verifier von ihm 0 erwartet, kann er das Protokoll ganz einfach durchführen ohne das Geheimnis $s$ überhaupt zu kennen, da die Formel folglich $y = r \cdot s^0 \equiv r$ lautet und $s$ folglich unerheblich für die Verifikation durch V ist.

Zudem ist es einem Betrüger durch die richtige Wahl der zu übermittelnden Zahlen möglich auch dann eine Verifikation zu erlangen, wenn er auf $\quad$ spekuliert. Hierzu sendet er zunächst in der Commitment-Phase statt nur $r^2 \bmod n$ den Wert $-$ und als Response statt $y$ den Wert $r$.

Der Verifier wird in diesem Fall akzeptieren, d.h. feststellen, dass

gilt, da $y^2 \equiv r^2 \equiv a \cdot v \equiv - \cdot v \ (mod\ n)$. Es sind demnach wieder zwei Maßnahmen notwendig um die Zuverlässigkeit des Verfahrens zu gewährleisten. Der Verifier muss $b$ wirklich zufällig auswählen und der Algorithmus muss mehrere Male wiederholt werden, da die Betrugswahrscheinlichkeit wieder $(-)^t$ beträgt und somit beliebig verringert werden kann. Der

Fiat-Shamir Algorithmus kann also einen Verifier davon überzeugen, dass ein Prover eine Quadratwurzel von $v \ mod \ n$ kennt. Außerdem erfüllt er bereits die ersten beiden Kriterien eines Zero-Knowledge Beweises. Er ist durchführbar, da ein Prover der $s$ kennt am Ende immer, unabhängig von $b$, verifiziert wird. Zudem ist er korrekt, da ein Betrüger den Verifier nur mit einer sehr geringen Wahrscheinlichkeit überzeugen kann.

Die Zero-Knowledge Eigenschaft kann mit Hilfe des in der Definition genannten Simulators S überprüft werden. Dieser Simulator kann mit dem Verifier auf folgende Art und Weise einen Dialog konstruieren:

- S wählt ein zufälliges Bit $b'$ und eine Zahl r. Danach berechnet er —— und sendet $a$ an V

- V wählt ein Bit {0,1}

- Ist $\ '$, so sendet S die an V und die Überprüfung durch V fällt positiv aus. Ist wird die letzte Runde gelöscht und die Simulation neu gestartet.

Ein außenstehender Betrachter kann den nachgestellten Dialog nicht von einem Originaldialog unterscheiden, obwohl S kein Wissen über das Geheimnis besitzt. Der Dialog lässt also keine Rückschlüsse auf das Geheimnis $s$ zu.[9]

## 4.3 Rechenbeispiel

Um den gezeigten Ablauf des Fiat-Shamir Algorithmus etwas verständlicher zu machen, wird nun ein konkretes Beispiel vorgerechnet. Wir übernehmen zunächst die Rolle des Provers und wählen zwei Primzahlen:

Außerdem halten wir das Geheimnis $s$ fest und berechnen das öffentliche $v$:

Die Schlüsselerzeugung ist damit abgeschlossen und der eigentliche Dialog der Anwendungs-phase beginnt:

---

[9] [BNS05] S.197-198

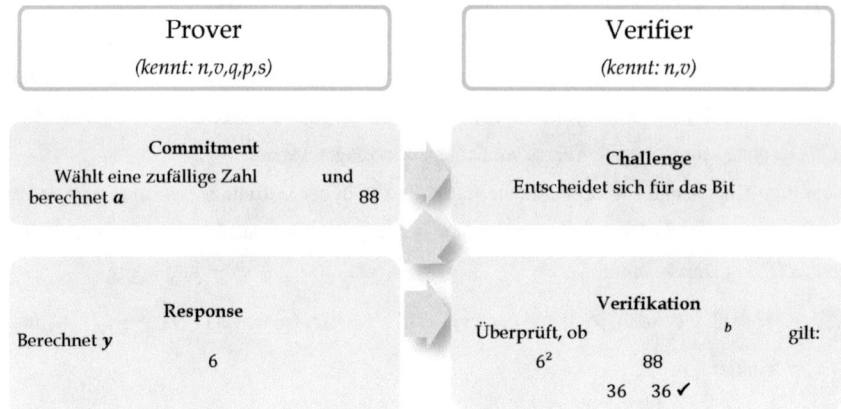

Formel 2: Rechenbeispiel

Das Ergebnis: Der Prover hat die Verifikation bestanden.[10]

## 5. Man in the middle – Problem

Der Fiat-Shamir Algorithmus weist zunächst keine größeren Schwächen auf, die nicht durch eine sorgfältige Durchführung minimiert werden können.

Es existiert allerdings eine Schwachstelle, die in allen interaktiven Zero-Knowledge Verfahren auffindbar ist. Es handelt sich hierbei um eine sog. „man-in-the-middle-attack", da sich ein Betrüger zwischen den Prover und den Verifier setzt.

Abbildung 4: Man-in-the-middle-attack

Dadurch, dass B sich zwischen P und V schaltet, ist es ihm möglich sich gegenüber dem Verifier als Prover auszugeben. Er kann somit vortäuschen, dass er das Geheimnis $s$ kennt.

---

[10] [Stö07]

Am Beispiel des Fiat-Shamir Algorithmus erkennt man sehr gut, wie simpel dieser Vorgang abläuft:

1. P schickt B die Zufallszahl a, dieser leitet diese Zahl direkt an V weiter
2. V schickt B das zufällige Bit b, welches wiederum direkt an P weitergeleitet wird
3. P's Antwort y wird an V weitergeleitet
4. Nach mehreren erfolgreichen Runden ist V davon überzeugt, dass es sich bei B um einen ehrlichen Prover handelt

Die üblichste Lösung für dieses Problem besteht in der Implementierung exakter Uhren. Durch sie soll verhindert werden, dass ein Betrüger während der Kommunikation mit dem Verifier noch die Zeit hat sich mit dem Prover in Verbindung zu setzen. Wenn jeder Schritt des Protokolls zu genau definierten Zeitpunkten stattfinden muss, so wird automatisch diese Schwäche behoben.[11]

## 6. Anwendungsmöglichkeiten

Der ideale Anwendungsbereich des Fiat-Shamir Algorithmus liegt in der Identifizierung bei Zugangskontrollen. Besonders durch das Beheben des „man-in-the-middle"-Problems kann er für eine große Bandbreite von Nutzungen im öffentlichen Leben, wie PCs, Bankautomaten oder Onlinegeschäfte verwendet werden. Besonders seine Public-Key Eigenschaft und der im Vergleich zum RSA-Verfahren geringe Rechenbedarf verhalfen diesem Zero-Knowledge Verfahren zu großer Akzeptanz. Der einzige Nachteil liegt darin, dass der Algorithmus nicht zur Datenverschlüsselung verwendet werden kann, weshalb dieser oft mit anderen Verschlüsselungsverfahren kombiniert wird.

Ein beliebtes Beispiel für eine derartige Kombination ist die Anwendung des Verfahrens im entgeldpflichtigen Fernsehen, dem sog. Pay-TV. Dieses funktioniert üblicherweise mithilfe eines im Handel frei erhältlichen Decoders, der keinerlei Information enthält und einer Decoderkarte, die die erworbenen zusätzlichen Sender freischaltet. Bei der Patentanmeldung des heute üblichen Verschlüsselungsverfahren „Videocrypt" im Jahr 1991 wurde bereits die Einbeziehung eines Zero-Knowledge Verfahrens in Betracht gezogen. In Folge dessen beinhalten alle „Videocrypt" unterstützende Pay-TV-Systeme unter anderem das Fiat-Shamir

---

[11] [Cle05]

Verfahren. Durch dieses ist es dem Decoder möglich zu erkennen, ob es sich bei einer Decoderkarte auch wirklich um ein Original handelt.[12]

---

[12] [Dic04]; [Kuh97]

# 7. Anhang

## 7.1 Verwendete Variablen

| | |
|---|---|
| p,q | entsprechen zwei verschieden großen Primzahlen |
| n | entspricht dem Produkt aus p und q |
| s | entspricht dem Geheimnis |
| v | entspricht einem öffentlichen Wert, der aus s berechnet wird $s \bmod n$ |
| r | entspricht einer von P zufällig gewählten Zahl |
| a | wird aus r berechnet und in der Commitment-Phase übermittelt |
| b | entspricht einem Bit, d.h. es kann nur den Wert 0 oder 1 annehmen. Es wird in der Challenge-Phase von V zufällig gewählt. |
| y | ist von dem gewählten b abhängig und wird in der Response-Phase an V übermittelt $b$ |
| t | Anzahl der Wiederholungen |

## 7.2 Abbildungsverzeichnis

*Abbildungen:*

## 7.3 Literaturverzeichnis

*Buchquellen:*

[Beu07]   Albrecht Beutelspacher: **KRYPTOLOGIE: EINE EINFÜHRUNG IN DIE WISSENSCHAFT VOM VERSCHLÜSSELN, VERBERGEN UND VERHEIMLICHEN;** *ohne alle Geheimniskrämerei, aber nicht ohne hinterlistigen Schalk, dargestellt zum Nutzen und Ergötzen des allgemeinen Publikums;* Auflage 8; Vieweg +Teubner, 2007

[BNS05]   Albrecht Beutelspacher, Heike B. Neumann, Thomas Schwarzpaul: **KRYPTOGRAFIE IN THEORIE UND PRAXIS:** *mathematische Grundlagen für elektronisches Geld, Internetsicherheit und Mobilfunk;* Auflage 2; Vieweg +Teubner, 2005

[QGB98]   Jean-Jacques Quisquater, Louis C. Guillou, Thomas A. Berson, Kaisa Nyberg: **ADVANCES IN CRYPTOLOGY: EUROCRYPT '98,** Kapitel: *How to Explain Zero-Knowledge Protocols to Your Children;* Auflage 1; Springer, 1998

*Wissenschaftliche Arbeiten:*

[Kuz05]   Sinem Kuz: **FIAT SHAMIR IDENTIFIKATION UND ZERO KNOWLEDGE PROOFS;** Seminararbeit; Rheinisch-Westfälische Technische Hochschule Aachen; Lehrstuhl für Informatik I; 2005

[Cle05]   Prof. Dr. rer. nat. Jürgen Cleve: **ZERO-KNOWLEDGE-VERFAHREN;** Dozentenvorlesung; HS Wismar, Grundlagen der Informatik; 2005

[Stö07]   Holger Stöcker: **RSA UND ZERO-KNOWLEDGE VERFAHREN ALS BEISPIELE FÜR ASYMMETRISCHE VERSCHLÜSSELUNG;** Seminararbeit; Prüfung durch: Peter Brichzin; Gymnasium Ottobrunn; Seminarfach Informatik; 2007

*Präsentationen:*

[Dic04]   Dipl. Inf. H. Dickel: **ZERO KNOWLEDGE PROOFS;** Präsentation; Universität Koblenz-Landau; Seminar Informatik SS; 2004

*Internetquelle:*

[Kuh97]   Markus G. Kuhn: **ATTACKS ON PAY-TV:** *Access Control Systems;* Artikel; 1997 <http://www.cl.cam.ac.uk/~mgk25/vc-slides.pdf>